V

V

32939

ALLAITAIM DU HAREM

A LA SULTANE BAHMIA,

ET

COMESTIBLE ORIENTAL

AU PALAMOUD,

BREVETS de GOUVERNEMENT,

APPROBATION de L'ACADÉMIE ROYALE DE MÉDECINE.

Poudres alimentaires importées en France par M. BOURLET d'AMBOISE, brevetées d'importation et de perfectionnement ; approuvées par l'Académie Royale de Médecine, et par certificats authentiques de MM.

ANDRAL père, chevalier de la Légion-d'Honneur, membre de l'Académie royale de Médecine, médecin en chef des armées ; ex-médecin en chef de l'hôtel des Invalides, etc.

ANDRAL fils, chevalier de la Légion-d'Honneur, professeur de la Faculté de Médecine à Paris, médecin de l'hospice de la Piété, membre de l'Académie royale de Médecine, etc.

BARRAS, chevalier de la Légion-d'Honneur, médecin honoraire des prisons, etc., auteur d'un ouvrage sur *les Gastralgies,* traduit en cinq langues, etc.

BEAUFILS, officier de la Légion-d'Honneur, ex-chirurgien-major, médecin du bureau des *Nourrices,* etc.

BIETT, chevalier de la Légion-d'Honneur, médecin à l'hôpital Saint-Louis, membre titulaire de l'Académie royale de Médecine, etc.

BOUCHER DUGUA, chevalier de la Légion-d'Honneur, médecin du collége royal de Bourbon, médecin des prisons, du bureau de bienfaisance du deuxième arrondissement, etc.

BROUSSAIS père, officier de la Légion-d'Honneur, médecin en chef du Val-de-Grâce, professeur à la Faculté de Médecine de Paris, membre de l'Institut et de l'Académie royale de Médecine, etc.

BROUSSAIS fils, agrégé à la Faculté de Médecine de Paris, médecin de l'hôpital du Gros-Caillou et du Val-de-Grâce, etc.

CHAUBART, docteur en médecine de la Faculté de Paris, etc.

DEVERGIE aîné, chevalier de la Légion-d'Honneur, chirurgien des Facultés de Paris et de Gottingen, chirurgien en second de l'hôpital militaire du Gros-Caillou, auteur de la *Clinique de la maladie syphilitique,* etc.

JADELOT, médecin en chef de *l'hôpital des Enfans malades,* membre titulaire de l'Académie royale de Médecine, etc.

JANIN (DE SAINT-JUST), chevalier de la Légion-d'Honneur, docteur en médecine de la Faculté de Paris, etc.

LACORBIERE, docteur en médecine de la Faculté de Paris, etc.

MARJOLIN, chevalier de la Légion-d'Honneur, professeur à la Faculté de Médecine de Paris, chirurgien du Roi, membre de l'Académie royale de Médecine, etc.

MOSON, chevalier de la Légion-d'Honneur, docteur en médecine de la Faculté de Paris, professeur émérite de l'Université de Gênes, etc.

RENAULDIN, chevalier de la Légion-d'Honneur, médecin en chef de l'hôpital Beaujon, membre et secrétaire de l'Académie royale de Médecine, etc.

SEGALAS, chevalier de la Légion-d'Honneur, docteur et professeur agrégé à la Faculté de Médecine de Paris, membre de l'Académie royale de Médecine, auteur d'un traité sur *la Rétention d'urine,* et de plusieurs autres travaux relatifs aux *Maladies des organes génito-urinaires,* etc.

VALPEAU, chevalier de la Légion-d'Honneur, docteur en médecine, professeur à la Faculté de Paris, membre de l'Académie royale de Médecine, chef de clinique à l'hôpital de perfectionnement, etc.

L'opinion favorable des praticiens les plus éclairés, sur ces deux substances alimentaires, ont décidé MM. Cadet-Gassicourt et Lamouroux, pharmaciens de Paris, à acheter l'exploitation du *Comestible Oriental* et de l'*Allahtaim*. En réalisant le vœu généralement exprimé que ces sortes de poudres alimentaires rentrassent dans le domaine de la pharmacie, ils espèrent que MM. les hommes de l'art et le public trouveront dans cette circonstance une garantie de plus offerte de la bonne préparation et de la saine qualité de ces substances.

Le COMESTIBLE ORIENTAL au PALAMOUD est fortifiant et légèrement tonique ; il convient de préférence aux estomacs dont les forces ont besoin d'être soutenues, aux mères fatiguées par un long allaitement ; il a la propriété de donner de l'embonpoint aux personnes qui l'emploient journellement.

L'ALLAHTAIM DU HAREM A LA SULTANE BAHMIA est une substance alimentaire d'un goût agréable, supérieure à tout ce qu'on a importé en France dans ce genre. Elle rafraîchit, est adoucissante et onctueuse, et convient plus particulièrement aux valétudinaires, aux convalescens, à la suite de toutes les maladies qui ont été exemptes d'irritation de l'estomac ou des intestins, aux personnes menacées de phthisie pulmonaire, aux enfans qui sont au biberon ou en sevrage ; il entretient la peau dans un bon état de santé ; enfin, il peut préserver de la pierre ou de la gravelle ceux qui en font un usage habituel.

Au reste, nous allons laisser les grandes autorités médicales exposer elles-mêmes les qualités de ces précieux alimens.

Du 1er février 1834.

L'Allahtaïm du harem. — M. Bourlet d'Amboise.

Si nous refusons aux personnes qui n'ont pas obtenu le titre de médecin, le droit de faire des essais de médicamens nouveaux, dont on ne peut connaître l'efficacité et le mode d'emploi que par des expériences souvent dangereuses, il n'en est pas de même des moyens hygiéniques, de ces substances innocentes, destinées à servir d'aliment, et qui, par leurs propriétés nutritives et la facilité avec laquelle elles sont digérées, sont d'un usage précieux pour les convalescens ou les personnes dont les voies digestives sont détériorées.

Nous ne saurions donc qu'applaudir aux efforts et à l'industrie d'un homme, qui, ayant passé une partie de sa vie dans un pays étranger, y a rendu des services désintéressés à ses compatriotes, en bravant des dangers de toute espèce, et qui, de retour dans sa patrie, l'enrichit de plusieurs substances utiles. Si cet homme, par des circonstances malheureuses, et qui témoignent de sa bonne foi et de sa loyauté, s'est vu dépouillé d'une partie du fruit de ses recherches, on conviendra qu'il est digne d'intérêt, et qu'on ne doit pas le confondre avec ces industriels, plus ou moins effrontés, que le mépris ne manque jamais d'atteindre.

M. Bourlet d'Amboise a importé le Racahout des Arabes, que beaucoup de médecins employaient avec succès, et dont plusieurs ont cessé de se servir depuis que la fabrication n'a plus pour garantie, à leurs yeux, la bonne foi de l'importateur. Cette substance, il l'a remplacée par ce qu'il nomme l'*Allahtaïm du harem à la sultane Bahnia*; c'est une poudre ayant la couleur du café au lait, d'un goût très-savoureux, d'une odeur *sui generis*; elle est préparée avec la plante dite sultane Babnia (*hibiscus esculentus*), que les peuples d'Orient et de plusieurs contrées du nouveau monde emploient comme aliment, et dont les femmes, dans les Antilles, sont surtout très-friandes.

Des expériences nombreuses ont été faites à l'hôpital Saint-Louis, par M. Biett, qui la reconnaît d'une digestion facile et convenable surtout dans les cas où il existe une susceptibilité extrême succédant à la gastro-entérite ou à l'entérite. M. Velpeau en a fait aussi un fréquent usage chez les personnes disposées à la phthisie pulmonaire, aux irritations de poitrine en général, aux rhumatismes, aux inflammations gastro-intestinales, génito-urinaires, etc.

MM. Broussais, le baron Michel, médecin de la première division militaire, d'autres médecins distingués, partagent entièrement cette opinion, et ont eu de fréquentes occasions d'apprécier l'utilité de cette substance nutritive, douce et convenable, en général, dans les convalescences.

M. Bourlet a d'autres titres à l'estime et à la considération publiques; il a importé en France des échantillons de graines de plantes fourrageuses ou autres, dont quelques-unes étaient inconnues et dont il a fait don à l'administration du Jardin-des-Plantes. Outre l'Allahtaïm, l'auteur prépare, avec le Palamoud d'Asie et la gomme saquis (dite *sakesadadji*), un comestible oriental dont les propriétés ont été reconnues plus excitantes, plus toniques, et conviennent, d'après les expériences de MM. Broussais, Biett, Michel, Velpeau, etc., dans les convalescences de longues maladies, étrangères aux voies digestives.

Quelque difficiles que nous soyons en général sur les insertions du genre de celle-ci, le témoignage de nos confrères, nos propres essais, et la conviction de la probité, de la véracité de l'auteur, autant que la connaissance des désagrémens qu'il a éprouvés, nous ont engagé à donner de la publicité aux nouveaux alimens proposés par M. Bourlet, rue des Fossés-Montmartre, n° 14.

A. Moreau, imprimeur, rue Montmartre, n° 39.

CERTIFICATS DE MM. LES MÉDECINS

BARRAS, chevalier de la Légion-d'Honneur, médecin honoraire des prisons, et médecin de la préfecture de police, auteur d'un ouvrage sur les gastralgies, traduit en cinq langues, etc.

Monsieur,

Je vous remercie du *Comestible oriental* et de l'*Allahtaïm* que vous m'avez envoyés. D'après mes expériences comparatives sur ces substances alimentaires et médicinales, je puis certifier que le *Comestible oriental*, à cause de ses qualités sèches et toniques, convient mieux aux individus qui n'ont qu'une simple affection nerveuse de l'estomac et des intestins, une gastro-entéralgie; tandis que les propriétés mucilagineuse et adoucissante de l'Allahtaïm le rendent plus précieux dans les irritations inflammatoires, notamment dans celles de la poitrine et des voies digestives. C'est ainsi que les personnes atteintes de pulmonie et d'une véritable gastro-entérite chronique, supportent très-bien ce dernier comestible, qui est fort agréable au goût, et qu'elles en éprouvent les meilleurs effets. L'Allahtaïm est donc tout à la fois un bon aliment et un excellent médicament; sa découverte, ou son importation en France, vous assure de nouveaux droits à la reconnaissance des médecins et de l'humanité.

Agréez, Monsieur, l'assurance de ma parfaite considération.

Dieppe, le 26 juillet 1833.　　　　BARRAS.

Vu par nous maire du onzième arrondissement de Paris, pour légalisation de la signature de M. le docteur Barras, ci-dessus apposée.

Paris, le 22 mai 1834.　　　　Signé : DÉMONT.

VELPEAU, chevalier de la Légion-d'Honneur, docteur en médecine, professeur agrégé à Faculté de Paris, membre de l'Académie royale de Médecine, chef de clinique à l'hôpital de perfectionnement, chirurgien au bureau central d'admission, auteur d'un traité d'anatomie chirurgicale et de plusieurs mémoires sur l'embryologie, les cancers, les altérations du sang, etc.

Monsieur,

Vous me demandez mon avis sur les qualités alimentaires du *Racahout*, du *Comestible oriental* et du *Potage à la sultane Bahmia*, dont vous êtes importateur. Le voici :

Depuis que le Racahout n'est plus préparé par vous, j'ai cessé de l'employer dans la crainte d'être trompé par les personnes qui vous ont frustré de votre brevet.

Votre Comestible oriental m'a paru en différer, en ce qu'il est

2

plus fortifiant et convient davantage aux sujets affaiblis par des excès quelconques ou par des maladies non inflammatoires.

Le Potage à la sultane est bien plus adoucissant. Les personnes sujettes aux rhumes, disposées à la phthisie pulmonaire, aux irritations de poitrine en général, aux rhumatismes, aux inflammations gastro-intestinales, génito-urinaires, aux affections encéphaliques et autres indispositions du même genre, s'en trouvent très-bien. Son usage l'emporte évidemment, alors, sur celui des autres comestibles employés dans les mêmes circonstances.

Je pense donc qu'en important une substance nutritive aussi douce, vous avez rendu un véritable service aux convalescens et à la plupart des sujets maladifs dont la société est encombrée.

J'ai l'honneur de vous saluer.

VELPEAU.

Vu par nous maire du onzième arrondissement, pour légalisation de la signature de M. Velpeau.

Paris, le 21 mai 1834.   Signé : DÉMONT.

BROUSSAIS fils, agrégé à la Faculté de Médecine de Paris, médecin de l'hôpital du Gros-Caillou et du Val-de-Grâce.

Monsieur,

J'ai employé long-temps le *Racahout des Arabes* avec le plus grand avantage; mais plusieurs malades s'étant plaints à moi des qualités désagréables de cette substance depuis que vous avez cessé de la préparer, j'ai dû préférer le *Comestible oriental* et l'*Allahtaïm du harem*. Toutes les personnes auxquelles j'ai conseillé le premier, l'ont trouvé fort agréable, et beaucoup en ont fait leur déjeuner ordinaire, même après leur guérison. Il se digère facilement, stimule très-légèrement l'estomac, et fortifie singulièrement; il convient à tous ceux dont l'estomac n'est pas trop irritable, par conséquent dans la convalescence de presque toutes les maladies, excepté celles des organes digestifs. Mais il doit être banni du traitement des gastrites : ici, c'est l'Allahtaïm qui le remplace avantageusement; rien n'est plus doux, plus onctueux, plus bienfaisant que cette substance. Certainement, l'arrauw-root et autres fécules exotiques ne jouissent pas de propriétés adoucissantes et anti-phlogistiques au même degré que l'Allahtaïm. J'ai eu des malades dont je n'ai pu conduire la convalescence, après plusieurs essais infructueux, qu'avec l'Allahtaïm.

J'ai donc des actions de grâces à vous rendre pour l'aliment précieux dont vous avez enrichi la diététique, et je le fais d'au-

tant plus volontiers, que vous avez bien mérité de la science et
de l'humanité sous plus d'un rapport.

Votre très-humble serviteur.

Paris, le 3o avril 1834.   Casimir BROUSSAIS.

Vu par nous maire du dixième arrondissement de Paris, pour légalisation de la signature de M. Casimir Broussais, apposée ci-dessus.

Paris, le 21 mai 1834.   Signé : BESSAC-LAMEGNE.

BIETT, chevalier de la Légion-d'Honneur, médecin à l'hôpital Saint-
Louis, inspecteur des eaux minérales d'Enghien, membre titu-
laire de l'Académie royale de Médecine, l'un des rédacteurs du
Dictionnaire des sciences médicales, etc.

Monsieur,

Vous m'avez mis à même, par la générosité avec laquelle vous
avez bien voulu agir envers moi, de faire quelques expériences
suivies sur les substances alimentaires nouvelles que vous avez
introduites en France. J'ai employé plusieurs fois, dans ma division de l'hôpital Saint-Louis, le *Comestible oriental*, chez des
individus épuisés par des maladies chroniques graves, telles que
des phlegmasies chroniques de poitrine, ou dans les longues convalescences qui suivent la variole, la scarlatine, etc. J'ai vu cons-
tamment cette substance alimentaire, dont la digestion est facile,
ranimer les forces et préparer l'emploi d'un régime plus sub-
stanciel. En général, le Comestible oriental m'a paru plus approprié aux maladies qui ne se rattachent point à une phlegmasie
du tube alimentaire; telles sont les maladies nerveuses graves,
profondes, telles que les gastralgies, l'hypocondrie. L'Allahtaïm
me paraît au contraire mieux adapté à la susceptibilité extrême
qui succède si souvent à la gastro-entérite ou à l'entérite. Les
observations que j'ai pu faire m'ont donné cette conviction.

Je désire beaucoup, Monsieur, que ces résultats, que j'ai
l'honneur de vous communiquer, puissent ne pas vous être tout à
fait inutiles, et contribuer, avec le témoignage de mes confrères
éclairés, à vous encourager dans de nouvelles introductions des
substances alimentaires de l'Orient.

Veuillez agréer, Monsieur, l'assurance des sentimens très-
distingués avec lesquels j'ai l'honneur d'être votre humble serviteur.

Paris, 5 septembre 1833.   L. BIETT.

ANDRAL père, chevalier de la Légion-d'Honneur, membre de
l'Académie royale de Médecine, et médecin en chef des armées,
ex-médecin en chef de l'hôtel des Invalides de Paris, ancien

inspecteur-général de service de santé de terre et de mer dans le royaume des Deux-Siciles, etc.

Monsieur,

Persuadé que le nouveau *Comestible oriental*, que vous avez introduit en France, pourrait être employé utilement dans les différentes phlegmasies chroniques, je me suis empressé d'en conseiller l'usage toutes les fois que j'en ai trouvé l'occasion, et j'éprouve un véritable plaisir à vous dire que presque toujours j'en ai obtenu un bon résultat.

J'atteste aussi que je l'ai conseillé à deux femmes fatiguées par un long allaitement et menacées de phthisie pulmonaire; toutes deux en ont retiré le plus grand avantage, et toutes deux ont recouvré une bonne santé sans avoir eu recours à aucune autre médication. Permettez-moi donc, Monsieur, de vous remercier de cette importation au nom de mes concitoyens, et de joindre mon suffrage à celui de ceux de mes confrères qui ont eu occasion de l'apprécier.

Je renouvelle l'assurance de ma considération distinguée.

Paris, ce 12 janvier 1834.   J. ANDRAL père.

Vu à la mairie du premier arrondissement de Paris, pour légalisation de la signature de M. Andral père, apposée ci-dessus.

Paris, le 5 mai 1834   Signé : A. LEFORT.

MOJON, chevalier de la Légion-d'Honneur, docteur en médecine de la Faculté de Paris, professeur émérite de l'Université de Gênes, membre de plusieurs sociétés savantes de Paris, Turin, Milan, etc.

Monsieur,

Je dois vous remercier de l'envoi que vous avez bien voulu me faire d'une boîte de votre *Allahtaïm*. Je crois que ce comestible peut être très-utile à tous ceux dont le système gastric est réduit à un tel état d'atonie, à ne pouvoir plus se tenir qu'aux alimens de la plus facile digestion.

Il pourrait aussi convenir dans le cas d'une gastro-entérite chronique, aux personnes disposées aux irritations phlogistiques internes, non moins qu'aux enfans qu'on vient de sevrer.

On a toujours bien mérité de l'humanité, toutefois qu'on trouve soit une nouvelle substance alimentaire, soit un nouveau procédé pour rendre plus agréable au goût et plus assimilable un aliment déjà connu.

En introduisant dans le commerce une substance éminemment nutritive et très-facile à être digérée, vous avez rendu un vrai service à l'hygiène et à la médecine.

Veuillez en recevoir mes complimens et l'expression des sentimens de toute ma considération.

Paris, le 30 novembre 1833.　　　　　B. MOJON.

Vu à la mairie du premier arrondissement de Paris, pour légalisation de la signature de M. Mojon, apposée ci-dessus.

Paris, le 20 mai 1834.　　　　Signé : A. LEFORT.

BROUSSAIS père, officier de la Légion-d'Honneur, médecin en
chef du Val-de-Grâce, professeur de la Faculté de Médecine,
membre de l'Institut et de l'Académie royale de Médecine, auteur
de la nouvelle doctrine médicale, etc.

Monsieur,

Vous avez désiré que je vous fisse connaître les résultats des
essais comparatifs que j'ai faits, en divers temps, du *Racahout
des Arabes*. du *Comestible oriental* et de l'*Allahtaïm*, préparations dont vous êtes l'importateur. J'essayai le Racahout
lorsque vous le prépariez vous-même, ainsi qu'il fut constaté
par un certificat que je vous délivrai, en date du 31 mai 1830.
Le Comestible oriental me paraît posséder des propriétés un
peu différentes ; il est plus fortifiant, et convient particulièrement aux personnes épuisées qui ne sont pas dans une disposition inflammatoire. Quant à l'Allahtaïm ou potage à la sultane Bahmia, il est utile dans les cas opposés aux précédens :
j'ai reconnu que son usage était fort avantageux, et préférable à
celui de toute autre substance alimentaire, chez les personnes
qui sont menacées de phthisie pulmonaire, par une irritation inflammatoire des poumons; chez celles qui ont l'estomac fatigué
par un régime excitant et par des médicamens mal appropriés,
et chez celles qui sont affectées d'ardeurs d'urine et sujettes à la
gravelle ; parce qu'il existe chez tous ces sujets une disposition
inflammatoire que corrige, avec beaucoup d'efficacité, le fruit
d'une plante malvacée tirée du Levant, qui fait la base de cet
aliment.

Je crois donc que l'importation de cette préparation simple et
douce, est un service des plus importans que vous avez rendus
aux personnes valétudinaires qui vivent habituellement dans une
disposition à l'irritation inflammatoire, surtout lorsqu'elles ont
été épuisées par l'abus des médicamens et du régime excitant.

Recevez, en conséquence, mes félicitations et l'expression des
sentimens distingués avec lesquels j'ai l'honneur de vous saluer

Paris, le 20 septembre 1833.　　　　BROUSSAIS.

Vu à la douzième mairie, pour légalisation de la signature de
M. Broussais, docteur en médecine.

Paris, le 22 mai 1834.　　　Signé : Eturge LASSERON.

MARJOLIN, chevalier de la Légion-d'Honneur, professeur à la Faculté de Médecine de Paris, chirurgien du Roi, membre de l'Académie royale de Médecine, chirurgien en chef de l'hospice Beaujon, chirurgien de la maison royale de Saint-Denis, etc.

Monsieur,

Vous désirez que je vous communique les observations que j'ai faites sur les résultats que j'ai obtenus de l'emploi du *Comestible oriental* et de l'*Allahtaïm* ou potage à la sultane, que vous avez importés en France. Ces résultats sont très-satisfaisans. L'Allahtaïm est essentillement adoucissant; je l'ai prescrit avec avantage dans les premiers temps des convalescences des maladies inflammatoires de poitrine et des organes digestifs. Le Comestible oriental, sans être excitant, peut cependant être rangé parmi les alimens légèrement toniques, parce qu'il contient des substances aromatiques. Il convient dans beaucoup de convalescences; il convient également aux personnes faibles, dont l'estomac doit être légèrement stimulé, et à celles qui ont besoin de soutenir ou de réparer leurs forces.

Veuillez, Monsieur, agréer l'assurance de ma parfaite considération.

Paris, le 30 janvier 1834.   MARJOLIN.

Vu par nous maire du deuxième arrondissement de Paris, pour légalisation de la signature de M. Marjolin, docteur-médecin, apposée ci-dessus.

Paris, le 5 mai 1834.   Signé : BERGER.

LACORBIÈRE, chevalier de la Légion-d'Honneur, docteur en médecine de la Faculté de Paris, etc.

Monsieur,

Mu par le sentiment de justice et de reconnaissance qui me porte à honorer et à encourager les efforts de ceux qui se vouent au progrès et au bien-être de l'humanité, je vous adresse mes sincères félicitations sur l'importation que vous avez faite, dans votre patrie, des deux importans modificateurs culinaires dont l'usage salutaire est déjà si généralement répandu à Paris, et même dans toute la France.

Toutefois, ce sont, pour ce moyen comme pour tous les autres, tant en médecine qu'en hygiène, des indications à établir, des règles à poser..... Ainsi, le *Comestible oriental*, dont les principes sont sans doute plus stimulans, me semble plus *tonique*, plus *fortifiant*, et, partant, convenir plus spécialement dans les convalescences des longues maladies, étrangères aux voies digestives; où il est nécessaire, en un mot, de *remonter l'action du canal digestif*; tandis que l'*Allahtaïm*, plus mucilagineux, plus adoucissant, sera plus favorable dans le cas d'irritation chronique de ce canal, qu'elle soit primitive ou secondaire. Mais je dois dire, dans l'intérêt de la vérité, que j'ai beaucoup moins de faits à l'appui de mon opinion sur ce dernier comestible que sur le premier, ne l'ayant soumis à l'expérience que long-temps après le *Comestible oriental*.

Recevez donc de nouveau, Monsieur, l'expression sentie de ma reconnaissance et de mes encouragemens, s'ils peuvent être à vos yeux de quelque prix, ainsi que l'assurance de mes sentimens distingués.

Paris, le 24 août 1833.   LACORBIÈRE.

Vu par nous maire du deuxième arrondissement de Paris, pour légalisation de la signature de M. Lacorbière, apposée ci-dessus.

Paris, le 5 mai 1834.   Signé : BERGER.

RENAULDIN, chevalier de la Légion-d'Honneur, médecin de la maison du Roi, médecin en chef de l'hôpital Beaujon, membre et secrétaire de l'Académie royale de Médecine, médecin assermenté comme expert près la Cour royale de Paris, médecin de la Société de Charité maternelle, et honoraire de la Société Philantropique.

Je partage l'opinion de mes honorables confrères sur les propriétés analeptiques des deux *Comestibles orientaux* préparés par M. Bourlet. Je pense que ces substances alimentaires conviennent spécialement aux estomacs faibles, aux convalescens, aux personnes qui digèrent péniblement les alimens solides, à celles qui sont tourmentées par de nombreuses flatuosités. Les succès, obtenus dans diverses circonstances, recommandent suffisamment ce nouveau moyen d'alimentation hygiénique, dont l'usage d'ailleurs n'a jamais été suivi du moindre inconvénient.

Paris, le 12 janvier 1834.   RENAULDIN.

Vu à la mairie du premier arrondissement de Paris, pour légalisation de la signature de M. Renauldin, apposée ci-dessus.

Paris, le 5 mai 1834.   Signé : A. LEFORT.

JANIN DE SAINT-JUST, chevalier de la Légion-d'Honneur, docteur en médecine de la Faculté de Paris, etc.

Monsieur,

Vous me demandez ce que je pense des substances que vous avez importées en France, sous les noms de *Comestible oriental* et d'*Allahtaïm du harem*.

J'assure volontiers que je ne connais pas d'alimens plus propres soit à réparer les forces épuisées par de longues maladies, par une abstinence long-temps prolongée, soit à prévenir cet état d'épuisement en fournissant une nourriture aussi douce que légère dans une certaine période des inflammations, même celles de l'estomac et des intestins.

J'ai vu l'Allahtaïm et le Comestible oriental, mais le premier surtout, réussir très-bien chez les enfans après l'allaitement, et chez ceux qui étaient disposés au carreau, au dévoiement.

Je vous remercie de m'avoir mis à même de les essayer chez des malades pauvres qui s'en sont très-bien trouvés, et qui n'auraient jamais pu en faire l'acquisition, quoiqu'ils ne soient pas d'un prix très-élevé.

J'estime, en conséquence, que vous avez droit à la reconnaissance publique pour avoir ajouté à la nomenclature de nos alimens deux substances qui seront toujours utiles et souvent très-précieuses.

Agréez, je vous prie, Monsieur, l'assurance des sentimens de haute considération avec lesquels j'ai l'honneur d'être votre très-humble serviteur.

Paris, 13 septembre 1833. JANIN (de Saint-Just).

Vu à la mairie du premier arrondissement de Paris, pour légalisation de la signature de M. Janin de Saint-Just, apposée ci-dessus.

Paris, le 5 mai 1834. Signé : A. LEFORT.

ANDRAL fils, chevalier de la Légion-d'Honneur, professeur de la Faculté de Paris, médecin de l'hospice de la Pitié, médecin consultant du Roi, membre de l'Académie royale de Médecine, auteur de la clinique médicale et d'un traité d'anatomie pathologique, etc.

Monsieur,

Vous me demandez de vous faire part de mon opinion sur les qualités des substances alimentaires auxquelles vous avez donné le nom d'*Allahtaïm* et de *Comestible oriental*. J'ai acquis l'expérience que ces alimens peuvent être une nourriture très-convenable pour les personnes dont l'estomac est habituellement irrité, et qui ont besoin de soutenir leurs forces. Je croirai rendre service aux malades en leur conseillant l'usage de cette alimentation, à la fois douce et réparatrice.

Paris, 10 décembre 1833. ANDRAL.

Vu par nous maire du onzième arrondissement, pour légalisation de la signature de M. Andral.

Paris, le 21 mai 1834. Signé : DÉMONT.

BEAUFILS, officier de la Légion-d'Honneur, ex-chirurgien-major, médecin du bureau des nourrices (hospices civils), etc.

Monsieur,

Je me joins avec plaisir à mes honorables confrères pour vous féliciter sur l'importation de vos deux comestibles.

J'ai employé avec succès l'*Allahtaïm du harem* chez un jeune ouvrier épuisé par l'emploi d'une médication incendiaire, qui l'avait jeté dans un état de maigreur extrême compliquée de diarrhée. Depuis qu'il fait usage de cette substance, il éprouve un mieux marqué, ses forces se rétablissent journellement, et je pense que bientôt il sera en état de reprendre ses travaux.

Une jeune femme, affectée de gastralgie, fait usage depuis huit jours de votre Comestible oriental, et s'en trouve très-bien.

Recevez donc mes remercîmens de l'envoi que vous m'avez fait de ces deux substances, tout à la fois médicamenteuses et alimentaires, et veuillez agréer l'assurances des sentimens distingués avec lesquels j'ai l'honneur d'être, Monsieur, votre très-humble serviteur.

Paris, 25 octobre 1833.   Le chevalier BEAUFILS.

Vu pour attestation de la signature de M. Beaufils, apposée ci-dessus.

Pour le commissaire de police du quartier St-Martin-des-Champs,

Signé : Aubaux jeune.

BOUCHER DUGUA, chevalier de la Légion-d'Honneur, médecin du collége royal de Bourbon, chirurgien-major de la deuxième légion de la garde nationale, médecin des prisons, attaché au bureau de bienfaisance, et membre de la commission de salubrité centrale du deuxième arrondissement, médecin du ministère de l'intérieur pour les orphelins de juillet, etc.

Monsieur,

Je m'empresse, d'après votre demande, de vous adresser le résultat des essais que j'ai faits de l'*Allahtaïm* et du *Comestible oriental*.

L'Allahtaïm, par ses propriétés mucilagineuses et adoucissantes, m'a parfaitement réussi dans les irritations de poitrine, d'estomac et des intestins, et chez les personnes qui sont atteintes de gravelle, de calculs et de catarrhes de vessie.

Le Comestible oriental, au contraire, est tonique et fortifiant; il est bon pour les convalescens et les personnes épuisées par des maladies chroniques ou par toute autre cause, mais qui n'ont point une inflammation du tube alimentaire; il a la propriété de donner de l'embonpoint à ceux qui en font un usage habituel.

3

Vous avez rendu, Monsieur, un véritable service à l'humanité et à la médecine, en faisant connaître ces alimens orientaux, qu'un grand nombre de médecins ont déjà employés avec succès.

Recevez, Monsieur, je vous prie, l'assurance de ma considération distinguée.

Paris, 10 octobre 1833.   BOUCHER DUGUA.

Vu par nous maire du deuxième arrondissement de Paris, pour légalisation de la signature de M. Boucher Dugua, docteur-médecin, apposée ci-dessus.

Paris, le 5 mai 1834.   Signé : BERGER.

DEVERGIE aîné, chevalier de la Légion-d'Honneur, docteur des facultés de Paris et de Gottingen, chirurgien en second de l'hôpital militaire du Gros-Caillou, professeur de médecine opératoire, membre de plusieurs sociétés savantes, auteur de la clinique de la maladie syphilitique, etc.

Monsieur,

J'ai fait usage à diverses reprises de l'*Allahtaïm* ou potage à la sultane. Je l'ai prescrit avec succès chez un certain nombre de malades atteints d'irritations viscérales chroniques à des degrés différens, telles que dans les inflammations des membranes muqueuses pulmonaires, chez les personnes douées d'une grande susceptibilité nerveuse ; mais c'est surtout chez les sujets affaiblis ou épuisés par des traitemens internes excitans, particulièrement chez ceux qui ont fait *sans succès un long usage des préparations mercurielles et autres médicamens énergiques*, que l'Allahtaïm a produit des résultats plus avantageux. Chez ces malades, pour lesquels je suis fréquemment consulté, les voies gastriques sont toujours dans un état de sur-excitation qui réclame un traitement adoucissant, et votre préparation alimentaire, tirée de la classe des malvacées, seconde à merveille le traitement simple, rationnel et antiphlogistique, préférable dans ces cas difficiles. L'Allahtaïm convient également dans les affections lentes et anciennes des voies urinaires ; j'ai eu lieu de m'en convaincre, voyant en ville un assez grand nombre de ces maladies.

Paris, le 4 novembre 1833.   DEVERGIE aîné.

Vu par nous maire du dixième arrondissement de Paris, pour légalisation de la signature de M. Devergie, apposée ci-dessus.

Paris, le 21 mai 1834.   Signé : BESSAC-LAMEGNE.

JADELOT, médecin en chef de l'hôpital des enfans malades , de l'état-major de la dixième légion de la garde nationale , membre titulaire de l'Académie royale de Médecine, etc.

Je certifie que la préparatoin à laquelle M. Bourlet d'Amboise donne le nom d'*Allahtaïm*, m'a paru être une nourriture légère et adoucissante , et en conséquence utile dans les convalescences des maladies aiguës , dans le cours d'une maladie chronique , particulièrement lorsqu'il y a épuisement des forces.

Paris, le 26 mars 1834.   JADELOT.

Vu par nous maire du dixième arrondissement de Paris , pour légalisation de la signature de M Jadelot, apposée ci-dessus.

Paris, le 21 mai 1834.   Signé : BESSAC-LAMEGNE.

SÉGALAS , chevalier de la Légion-d'Honneur , docteur et professeur agrégé de la Faculté de Médecine de Paris , membre de l'Académie royale de Médecine , auteur d'un traité de rétention d'urine et de plusieurs autres travaux relatifs aux maladies des organes génito-urinaires , etc.

Monsieur ,

Vous désirez connaître mon opinion sur l'*Allahtaïm :* la voici telle qu'elle résulte de faits qui me sont propres.

Je considère l'Allahtaïm comme un aliment parfaitement approprié aux personnes qui ont une irritation quelconque des organes génito-urinaires , notamment à celles qui portent des inflammations chroniques de la vessie ou des reins , ainsi qu'à celles qui sont sujettes à la gravelle , affectées de calcul , ou atteintes de rétention d'urine.

Nutritive, adoucissante et de facile digestion, l'Allahtaïm m'a été surtout utile à la suite de mes opérations de pierre par le broiement , et dans le cours du traitement que j'oppose aux rétrécissemens organiques de l'urèthre : il satisfait l'appétit sans fatiguer l'estomac, et soutient les forces sans activer la circulation, sans exciter les parties mises en rapport avec les instrumens.

Je ne doute point que l'Allahtaïm ne convienne dans beaucoup d'autres affections , et en particulier dans les phlegmasies des voies aériennes; mais l'expérience ne m'a rien appris à cet égard : depuis long-temps, ma pratique est bornée aux seules maladies des organes génito-urinaires.

Agréez, Monsieur, l'assurance de mes sentimens très-distingués , et l'expression de ma part de reconnaissance pour le nouveau service que vous venez de rendre à la médecine.

Paris, le 26 octobre 1833. SÉGALAS.

Vu au commissariat du quartier du Temple, pour légalisation de la signature de M. le docteur Ségalas, apposée ci-dessus.

Paris, le 23 mai 1834.

Le commiss. de police du quart. du Temple, signé : TELAQUEBAULT.

CHAUBART, docteur en médecine de la Faculté de Paris, etc.

Monsieur,

Je me fais un plaisir de vous annoncer que tous ceux de mes malades auxquels j'ai prescrit l'usage de votre *Comestible oriental*, qu'ils fussent affectés de gastrites ou de gastro-enté-rites chroniques, s'en sont très-bien trouvés ; leur estomac, refusant jusques-là les alimens qui passent généralement pour très-légers, ont digéré celui-ci avec la plus grande facilité.

Ce comestible, qui est d'un goût très-agréable, est une véritable conquête que vous aurez fait faire à la médecine, et les nombreux malades affectés de ce genre de maladies, vous devront de la re-connaissance pour sa découverte ou son importation en France.

Recevez donc mes remercîmens en particulier et ceux de tous mes malades qui en ont fait usage.

J'oubliais de vous dire aussi que les convalescens de maladies de poitrine s'en sont aussi très-bien trouvés, et que je pense qu'il convient dans toutes les convalescences.

J'ai bien l'honneur, Monsieur, de vous saluer avec considéra-tion.

Paris, le 22 août 1833. CHAUBART.

Vu par le maire du troisième arrondissement, pour légalisation de la signature de M. Chaubart, apposée ci-dessus.

Paris, le 20 juin 1834.

Signé : PROUOT.

A MOREAU, imprimeur, rue Montmartre, n° 39.

*Manière de faire usage de l'*ALLAHTAÏM *et du*
.COMESTIBLE ORIENTAL.

Ces deux substances alimentaires se préparent de la même manière.

Pour un demi-litre ou chopine d'eau ou de lait, on emploie environ une cuillerée à soupe, comble, de la poudre alimentaire; on fait d'abord chauffer le liquide dans une casserole; on le verse *peu à peu* sur la poudre, qu'on délaye exactement par l'agitation, avec une cuiller ou une fourchette; puis on place le mélange sur le feu, en ayant soin, pendant cinq à six minutes, de bien remuer au fond de la casserole. Au bout de dix minutes d'ébullition, l'aliment est préparé; on peut ajouter du sucre.

Depuis le 21 janvier 1835, les dépôts généraux de l'*Allah-taïm du Harem* et du *Comestible Oriental* sont à Paris, chez CADET-GASSICOURT, pharmacien, rue Saint-Honoré, n. 168, et LAMOUROUX, pharmacien, rue du Marché-aux-Poirées, n. 11.

PRIX :

Allahtaïm du Harem . . . . 5 fr. le flacon ou la boîte.

Comestible Oriental. 4   id.